U0179189

地上和地下的动物王国

蓝灯童画　著绘

读者出版传媒股份有限公司
甘肃科学技术出版社

雨季来临，大地呈现勃勃生机。

热带稀树草原可热闹了，随处可见野生动物的踪影。

象鼻全部是由肌肉组成，并没有骨骼。

　　非洲草原象是陆地上最大的动物之一，一头大象的重量达到 3~6 吨。它们的耳朵里有很多血管，随着血液的流动，身体的一部分热量便通过硕大的耳朵表面散发。

大象会用后腿站起来，以便吃到
高枝上可口的嫩叶。

大象用鼻子戏水洗澡，然后倒在泥巴里打滚，泥
干后形成的硬壳可以保护它们免受蚊虫叮咬。

大象鼻子的功能可多了，不但能呼吸、闻味道，还能摘取食物，甚至能喷
水洗澡。

非洲象体形比亚洲象大。

非洲象

非洲象有两个鼻突，亚洲象只有一个。

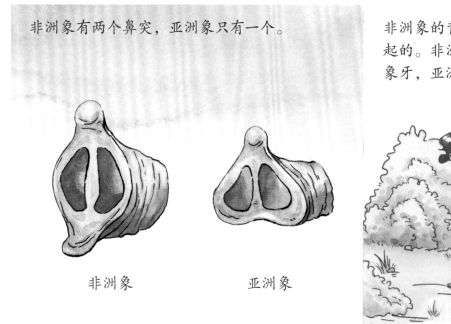

非洲象   亚洲象

非洲象的背部中间是凹陷的，亚洲象是凸起的。非洲象无论雌性或雄性都有长长的象牙，亚洲象只有雄性才有。

非洲象和亚洲象的分布地区不同。从体形上看，非洲象要比亚洲象高大一些。

非洲象

非洲象的耳朵比亚洲象宽大得多，额头平滑没有隆起。

亚洲象

亚洲象

此外，两者的耳朵、额头和鼻子等部位也有明显的区别。

利用身高优势，长颈鹿能观察远处情况，一旦发现危险，它们便会迈开长腿奔跑。

长颈鹿的脖子有 2 米长，但和其他哺乳动物一样，它们的颈椎仅有 7 块。

颈椎

长颈鹿是陆地上最高的哺乳动物。

成年雄性长颈鹿的身高超过 5 米，差不多有两层楼那么高。

血管里有可关闭的"阀门"。

脑部的网状血管

长颈鹿头朝下时，它们带有"阀门"的血管及头部后方的网状血管，能缓解血液的冲击，避免眩晕。

长颈鹿的前腿比后腿要长，为了能喝到低处的水，它们不得不将前腿叉开。

9

猎豹奔跑起来每小时可达 112 千米，
而人的最高时速只有 44 千米。

　　猎豹是陆地上的"短跑冠军"，急速奔跑时它的脊椎会像弹簧一样
伸缩，仅用 10~20 秒就能达到最高时速。

猎豹主要捕食羚羊这种中小型动物，有时也会袭击斑马。

与雌狮相比，雄狮体形更大，脖子上有长长的鬃毛。

雄狮

雌狮

    狮的体形很大，在猫科动物中仅次于老虎。一两头雄狮和几头雌狮会结
成狮群，共同生活。狮群中年幼的狮子至少 16 个月后才能完全独立，而小雄
狮在成年后就得离开狮群。

几头雌狮先悄悄潜伏起来，接着分散开来围住猎物并慢慢接近，最后迅速将其扑杀。

雄狮通过咆哮来警告对手，它们还会在领地留下气味，以此标记、宣示领地范围。

雄狮通常负责保护族群、守卫领地，雌狮则负责捕猎。狩猎时，雌狮根据各自特点分工，有的负责驱赶猎物，有的则负责袭击猎物。

印度犀牛只有一个角。

白犀的嘴又宽又平，适合采食地上的小草。雌犀牛通常每胎仅产一只小犀牛。

犀牛共有五种，通常长有一只或两只角。其中白犀生活在非洲，是现存数量最多的犀牛，它们鼻子上长有两只角。

黑犀也生活在非洲地区，与白犀不同的是，它们的上唇是尖的。

黑犀

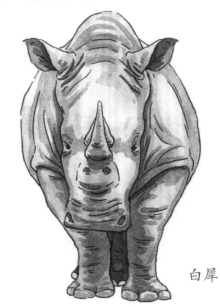

白犀

小心！它朝我们冲过来了！

相比白犀，黑犀脾气暴躁，又好斗，常常不警告就发动进攻，它们的奔跑速度可达每小时 40 千米。

非洲的白背秃鹫体形很大。它们在草原上空飞翔，寻找死去的动物，啃食它们的尸体。

蛇鹫双腿的威力巨大，在发现猎物后，它们会用脚踢打猎物。

大部分喜好吃肉的鸟类都是捕猎高手，充满生机的稀树草原是其理想的狩猎场所。比如体形很大、专门啃食尸体的白背秃鹫，以及拥有大长腿、擅长捕捉毒蛇的蛇鹫。

实际上，做清洁工作的同时，牛椋鸟
也会毫不留情地吸食动物的血液。

牛椋鸟就像清洁工，常栖息在食草动物身上，啄食它们身上的虱子、寄生虫。

雄性河马经常为了争夺
领地发生冲突，血腥的
打斗能持续一个多小时。

虽然食草，河马的犬齿却
又大又尖。它们会张大嘴
巴，露出锋利的牙齿，以
威慑敌人。

河马体形庞大，重可达 3 吨。它的脾气可坏了，一旦被激怒，鳄鱼都不一
定是它的对手。

河马常把眼睛、鼻子露出水面，
以便及时发现危险。

到了晚上，天气转凉，
河马才会离开水面，上岸寻找食物

在潜水时，河马会关闭耳孔和
鼻孔，防止水进入。

　　河马不会出汗，但它们的皮肤会排出一种红色油脂，可以减轻紫外线对皮
肤的伤害。它们喜欢一整天泡在水里，不仅凉爽，还能及时补水。

鳄鱼皮肤骨化，身上被盔甲般坚硬的骨板覆盖。

鳄鱼牙齿尖利，但并不适合切割。它们会咬住猎物，用力扭转身体，以此将猎物撕开。

鳄鱼出现在两亿年前，是与恐龙同时代的古老爬行动物。鳄鱼两颌强壮且牙齿锋利，能吞下并消化整个猎物。一顿饱餐后，它们可以连续数月不进食。

鳄鱼妈妈在挖好的洞里产卵并守护在附近。

3个月后，被沙土掩埋着的蛋里传出小鳄鱼的叫声。

鳄鱼妈妈将洞刨开，小鳄鱼破壳而出。

鳄鱼妈妈小心地把幼崽含在嘴里，送入水中。

鳄鱼是卵生动物，雌性鳄鱼在陆地上产卵。

旱季来临，草原上的植物也逐渐被消耗殆尽。

到了旱季，角马会自发聚集成群。在坦桑尼亚，上百万只角马会随着季节迁徙，跋涉几千千米寻找新的草场。

在跨越河流时，它们很容易遭到水中鳄鱼的袭击。

饥肠辘辘的动物不得不为了寻找食物和水源进行大规模迁徙。

地下王国里有四通八达的通道和许多小室，有些洞口还有堆砌起来的小丘。

除了寒冷的极地，到处都有蚂蚁活跃的身影。

它们是群居性昆虫，众多成员聚集在一起生活。

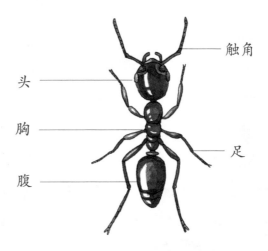

头

胸

腹

触角

足

工蚁：所有工蚁都是雌性，它们没有翅膀，不能产卵，主要负责筑巢、觅食和守卫。

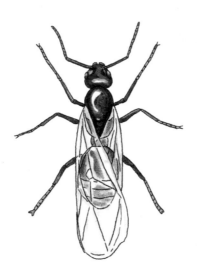

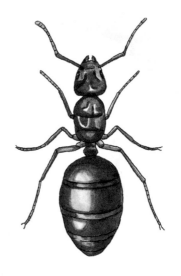

雄蚁：雄蚁有翅膀，主要职能是与蚁后交配。

蚁后：比工蚁大很多，它一生都在产卵。

像人类社会一样，蚂蚁也有明确的社会分工。

它们辛勤忙碌，一起建造、维护这个庞大的地下王国。

大头美切叶蚁：它们会用锋利的口器切
下植物叶子，搬回巢中发酵。

蜜蚁：它们吞咽花蜜，直到腹部胀大，然后
把花蜜带回，喂给同群的其他成员吃。

黑头酸臭蚁：它们的胃是透明的，在体
外就能看到它们吃了什么颜色的食物。

撒哈拉银蚁：它们极耐高温，能在表面超过
70℃的撒哈拉沙漠里生存。

蚂蚁种类繁多，不同的种类适应不同的环境。
它们绝大多数都是觅食能手。

白蚁是建筑大师，它们用树木、泥土和唾液建造巨大、通风的巢穴。

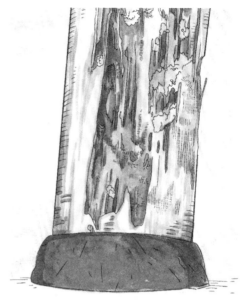

白蚁会啃食木质物品，甚至能令建筑损坏、崩塌，其危害不容小觑。

完全成熟的白蚁蚁后有着极大的腹部，一天能产2000余枚卵。

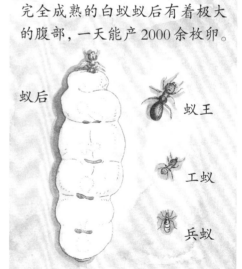

蚁后　　　蚁王　　工蚁　　兵蚁

白蚁的身体呈白色或淡黄色。

它们是蟑螂的近亲，与蚂蚁分属不同种类。

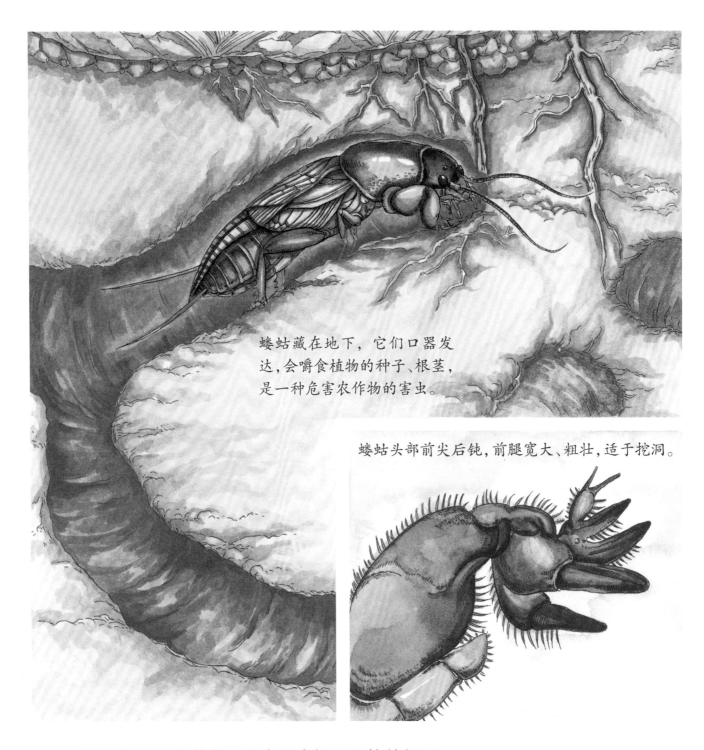

蝼蛄藏在地下，它们口器发达，会嚼食植物的种子、根茎，是一种危害农作物的害虫。

蝼蛄头部前尖后钝，前腿宽大、粗壮，适于挖洞。

蝼蛄身体呈土黄色，周身覆有短且柔软的细毛。
雄性蝼蛄常在地下发出拖长的"咕"声。

雌性蝼蛄在地下挖穴产卵，繁育后代。

雄性蝼蛄在地下挖穴"歌唱"。它们的巢穴构造特别，能像小喇叭一样把声音放大，让"歌声"听上去更加响亮。

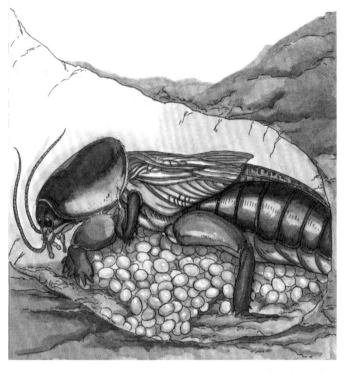

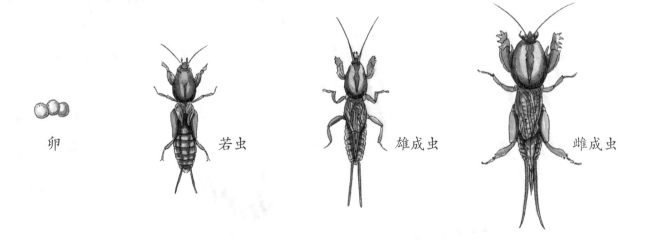

卵　　　　　若虫　　　　　雄成虫　　　　　雌成虫

蝼蛄在世界很多地区都有分布，种类多达几十种。

雌性蝼蛄的个头要比雄性大一些。

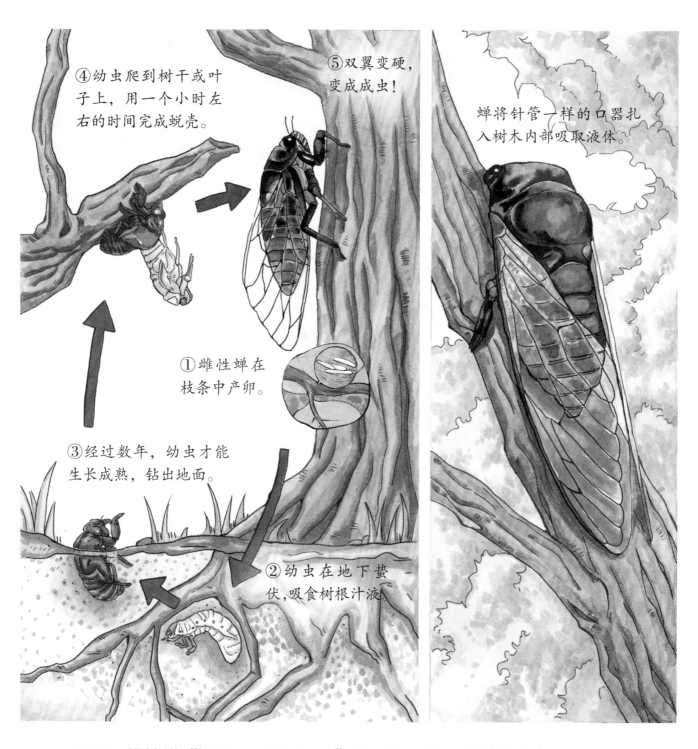

④幼虫爬到树干或叶子上，用一个小时左右的时间完成蜕壳。

⑤双翼变硬，变成成虫！

蝉将针管一样的口器扎入树木内部吸取液体。

①雌性蝉在枝条中产卵。

③经过数年，幼虫才能生长成熟，钻出地面。

②幼虫在地下蛰伏，吸食树根汁液。

夏季，雄性蝉"知了——知了——"地叫个不停，吸引异性交配。

它们的幼虫孵出后，会到地下蛰伏好几年，待到生长成熟，再破土而出。

蚁蛉有着透明的翅膀，但与蜻蜓明显不同的是它们长着长长的、高尔夫球杆似的触角。

蚁蛉

蜻蜓

蚁蛉的幼虫蚁狮在沙坑底部耐心等待猎物上钩。一旦有蚂蚁掉进陷阱，它们便用大颚将它抓住。

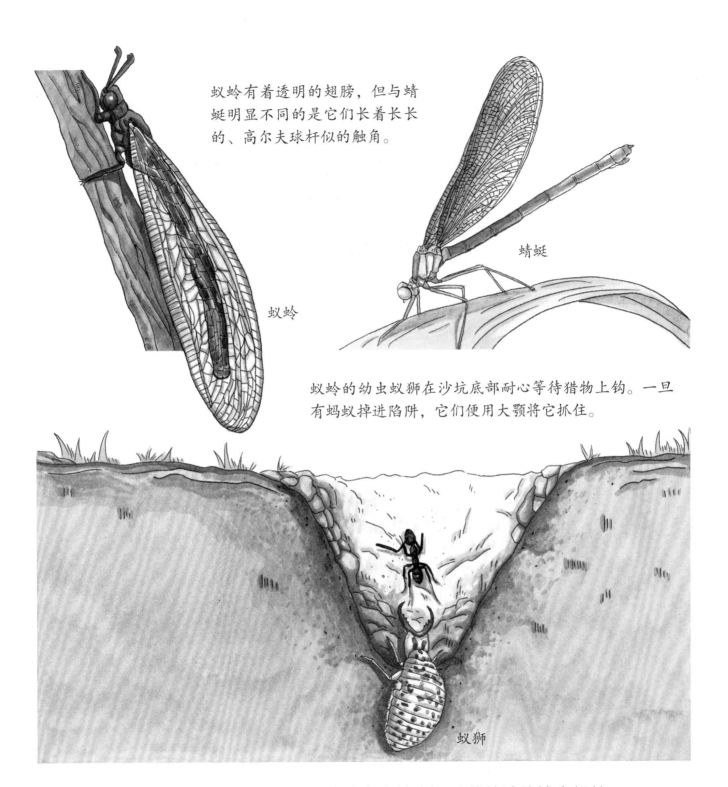

蚁狮

蚁蛉的外形和蜻蜓很像，它们的幼虫会挖出漏斗状的沙坑捕食蚂蚁。

捕鸟蛛是蜘蛛家族里的"巨人"，它们长着毒牙，能将毒液注入猎物体内。

有的捕鸟蛛会在巢穴内铺挂蛛丝，以防止巢穴坍塌并保持湿度。

捕鸟蛛体形很大，全身长有细毛，它们大多数居住在地下洞穴中。

巨人食鸟蛛：体形硕大，是世界上第二大的蜘蛛。蝙蝠、蜥蜴、老鼠等动物都是它们猎捕的对象。

蓝宝石华丽雨林：生活在印度和斯里兰卡的森林里，攻击性、毒性都较强。因色彩艳丽，有"孔雀捕鸟蛛"之称。

墨西哥红膝鸟蛛：体表颜色鲜艳，通常情况下性情温顺。

虽然都属于捕鸟蛛家族的成员，它们却大小不一，在习性上也有很大区别。

蚯蚓靠着体节的伸展和收缩蠕动前行，它们体节上的刚毛有利于抓住地面。

蚯蚓的身体由100多个体节构成，靠近环带的一端是头部。

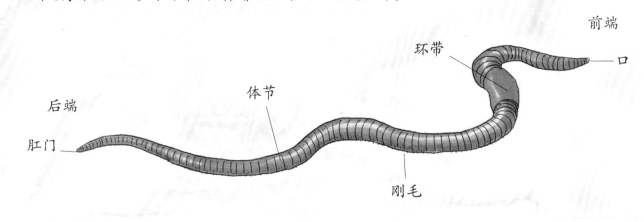

蚯蚓的身体由许多形态相似的体节组成。

它们没有足，也没有眼睛、耳朵，通常在土壤的浅表层活动。

蚯蚓边爬行边进食，它们的粪便养分丰富，可改善土壤质量，利于植物生长。

蚯蚓用潮湿的体表呼吸，感知声音和光线。雨天，土壤里空气不足时，它们就会爬出地面透气。

蚯蚓以腐烂的落叶、杂草等为食，同时也吞食土壤。
它们的粪便是极好的肥料。

鼹鼠长着极小的眼睛，视力很差，却拥有灵敏的嗅觉，非常适合在漆黑的地下生活。

鼹鼠前爪大而锋利，像极了挖掘机的斗齿，善于刨土。

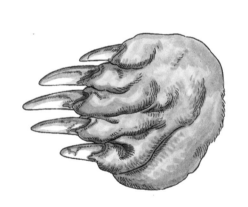

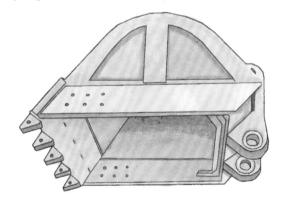

鼹鼠身材矮胖，外形像鼠，前肢强而有力，长有利爪。
它们在地下打洞，挖出很多条长长的通道。

鼹鼠白天住在地下，夜晚出来捕食。

它们以地下昆虫及其幼虫为食，也吃蚯蚓、蛞蝓（kuò yú）等动物。

星鼻鼹：星鼻鼹分布在北美洲。它们长相奇特，鼻子周围有22条摆动的触手，可以敏锐地探知猎物。

大缺齿鼹：大缺齿鼹分布在亚洲北部。它们的嘴又长又尖，眼睛太小而不易被发现。

鼹鼠有许多不同的种类，它们习性不同，模样各异。

欧鼹：欧鼹分布在欧洲和亚洲北部。它们以掉进洞里的动物为食。
它们会把打洞时扒出的土壤堆在洞口做成"鼹鼠丘"。

金鼹：金鼹分布在非洲南部。它们视觉退化，完全看不见。

鼹鼠分布地区广泛，欧洲、亚洲和北美洲等都有它们的身影。

土豚鼻孔里长有毛须，可以防止灰尘进入。

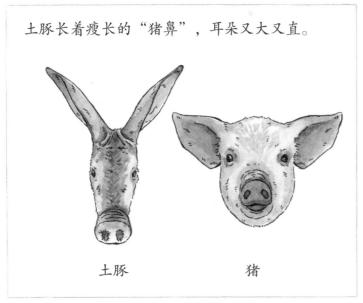

土豚长着瘦长的"猪鼻"，耳朵又大又直。

土豚　　　　　　猪

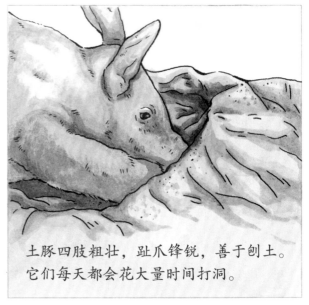

土豚四肢粗壮，趾爪锋锐，善于刨土。它们每天都会花大量时间打洞。

土豚主要生活在非洲，它们既没有锋利的犬齿，也没有速度优势。
面对劲敌，打洞是土豚迅速脱身的绝招。

土豚昼伏夜出，在黄昏时钻出地面寻找食物。

土豚爪子锋利，即便是坚固的白蚁巢穴也能被它们轻松摧毁。受惊的白蚁一旦涌出，土豚就伸出长长的舌头将它们一扫而光。

土豚虽外形似猪，习性却更接近食蚁兽。
它们嗅觉灵敏，白蚁和蚂蚁是它们的主要食物。

袋熊身长约 1 米，四肢短而有力，能在地下挖出较大的深洞居住。

袋熊爪子

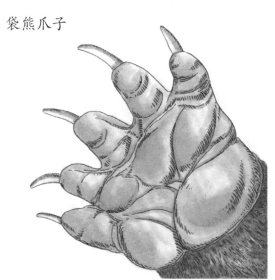

与其他有袋动物不同，袋熊的育儿袋是朝后的。刨土时，它们就不会把泥土弄到宝宝身上啦。

　　袋熊是澳大利亚的特有物种，它们体型矮胖，小耳小眼，尾巴极短，看上去像小熊。不过袋熊的习性更接近啮齿类动物，以植物为食。

袋熊居住的地方往往垫有草或树皮。它们会保护
自己的巢穴，一旦遭受攻击，就会奋起反抗。

这种长方体大便不容易滚动，既利于袋
熊通过大便划分领地，又利于吸引配偶。

圆滚滚的袋熊，它们的大便竟然是长方体的！

冬天到了，很多动物钻进地下的巢穴睡起觉来。

在寒冷且食物匮乏的情况下，冬眠是一种有效的生存方式。

它们睡眠时长各有不同，有的要睡一整个冬天。

奇特的茎叶

美丽的花草

植物的馈赠

不一样的植物

史前动物与身边动物

沙漠动物与水中动物

极地动物和热带动物

地上和地下的动物王国

汽车飞机跑得快

轮船列车肚量大

工程机械好帮手

让一让城市作业车

花样主食和糕点

蔬菜水果要多吃

肉类水产营养多

大豆和调味品的秘密

海洋生物大揭秘

另类海洋生物

海底宝藏探秘

不可捉摸的海洋

奇妙的身体和衣服

身边的科学

物品哪里来

神奇电器仿生学

神奇的地球

善变的地球

地球和恒星

从银河系到宇宙

图书在版编目（CIP）数据

地上和地下的动物王国 / 蓝灯童画著绘 . -- 兰州：
甘肃科学技术出版社 , 2021.4
ISBN 978-7-5424-2820-2

Ⅰ . ①地… Ⅱ . ①蓝… Ⅲ . ①动物 - 普及读物 Ⅳ .
① Q95-49

中国版本图书馆 CIP 数据核字 (2021) 第 061714 号

DISHANG HE DIXIA DE DONGWU WANGGUO

地上和地下的动物王国

蓝灯童画 著绘

项目团队　星图说

责任编辑　宋学娟

封面设计　吕宜昌

出　版　甘肃科学技术出版社

社　址　兰州市城关区曹家巷1号新闻出版大厦　730030

网　址　www.gskejipress.com

电　话　0931-8125103（编辑部）0931-8773237（发行部）

发　行　甘肃科学技术出版社　　　印　刷　天津博海升印刷有限公司

开　本　889mm×1082mm　1/16　　印　张　3.5　字　数　24千

版　次　2021年10月第1版

印　次　2021年10月第1次印刷

书　号　ISBN 978-7-5424-2820-2　　定　价　58.00元